电子教程系列

市政道路工程

姚昱晨　主编
王岗　梁师俊　赵筱斌　参编

中国建筑工业出版社

电子教程系列
市政道路工程
姚昱晨　　　　　　　　　　　　主编
王　岗　梁师俊　赵筱斌　参编
*
中国建筑工业出版社出版、发行（北京西郊百万庄）
各地新华书店、建筑书店经销
北京嘉泰利德公司制版
北京方嘉彩色印刷有限责任公司印刷
*
开本：787×1092 毫米　1/32　印张：1　字数：28 千字
2009 年 6 月第一版　　2009 年 6 月第一次印刷
定价：**168.00** 元
ISBN 978－7－89475－020－4
（17270）

市政道路工程

《市政道路工程》电子教程正式出版了，本教程是在2007年9月出版的普通高等教育土建学科专业“十一五”规划教材《市政道路工程》基础上编写的。

本教程由浙江建设职业技术学院教师编写。姚昱晨副教授任主编，参加编写和制作人员有：第一章~第四章：王岗、梁师俊，第五章、第六章、第七章、第九章：姚昱晨，第八章：姚昱晨、梁师俊，第十章、第十六章：王岗，第十一章~第十五章：姚昱晨，其中第十三章：姚昱晨、赵筱斌。后期制作：赵筱斌、姚昱晨。

补充1：选线——梁师俊制作

补充2：路基工程施工图片——姚昱晨制作

补充3：路基工程机械化施工——姚昱晨制作

补充4：沥青混合料路面施工程序图片——姚昱晨制作

补充5：水泥稳定料施工图片——姚昱晨制作

补充6：水泥混凝土路面施工图片——姚昱晨制作

工程案例：

杭甬高速公路七标施工案例——浙江大成实业有限公司沈国伟工程师提供

水泥混凝土路面施工案例1——临海市公路管理段杨春桂高级工程师提供

水泥混凝土路面施工案例2——安徽省和县公路分局聂宜斌工程师提供

沥青混凝土路面施工养护案例——浙江省交通建设集团有限公司宋伟程技术员提供并制作

一、课程性质及特点

作为一门市政工程技术专业的必修课，本课程不仅有较高的理论知识要求，更有较高的实践要求。《市政道路工程》电子教程采用了与教材配套图片 386 张，补充了施工一线内容及工程案例的照片 587 张。注重直观实物的教学，方便教学和自学。

二、补充内容

本次编写，在原教材的基础上进行了以下补充：

1. 教程全部采用公路和市政工程的新规范。

2. 教程增加了道路选线，丰富和充实了教学内容。

3. 原教材中大量繁琐的理论计算，本教程选用了一些实用的计算例题。

4. 教程增加了路基、沥青路面、水泥路面工程施工一线的图片章节，方便教师指导，学生自学、理解和提高。

5. 教程增加了路基的施工机械内容，讲述了主要的路基施工机械，并配套图片，便于学生编写路基机械化施工组织方案。

6. 教程增加了高速公路路基施工、水泥混凝土路面施工、沥青混凝土路面施工养护等工程案例，强化了实践应用性。

7. 电子教程每节均有配套习题，以便学生对内容进一步地理解。答案库附在每篇的最后，方便学生自学。

三、教程制作设计思路和要点

1. 编制软件

编制多媒体课件的软件较多，当前比较常用的有：PowerPoint、Flash、Authorware 等，本教程中部分图例曾用 Flash 做动画演示，因存在 PPT 使用中经常需要 Flash 插件的安装问题，给用户造成不便。为让使用更简洁，不安装任何插件，因此只使用了 PPT 为制作软件，并用 Authorware 整理并打包集成，保证用户的使用不受软件环境的限制。

2. 结合手段

早在几年前，我们已经有了制作本教程的计划，并开始着手准备，一直在课堂教学中实践使用，取得很好的效果，获得师生一致好评。之前教师们制作的课件开发环境不够统一，在这次整合过程中，我们统一了界面，力图做到美观、实用；统一使用 PPT 为开发工具，便于最后的整合；使用 Authorware 的树型目录，导航清晰，交互性强，学习方便。

在电子教程的每篇最后部分，我们附上了各个章节的参考答案，采用链接方式，方便学生自学。在教师授课时可以分章节给学生演示讲解。

四、教程内容说明及教学安排

教程内容与我们编写的同名教材基本一致，主要章节和补充的施工章节见表 1。本教程中放映篇幅达到了 1610 页，其分配见表 1。我们是按 120 学时安排《市政道路工程》电子教程的，各个学校可以根据学时不同和专业要求的差异调整学习内容的深度和广度，建议的学时分配见表 1。

五、教程适用范围

由于该教程内容比较完整，与教材相配套，要点清晰、例题得当、图片丰富，注意直观教学，宜于教师教学和学生自学。该教程可以广泛地用于本科、专科、成人、培训教育等教学，也可供从事城市道路和公路交通设计、施工部门的工程技术和管理人员参考使用。

市政道路工程教学内容安排表 表 1

章节	内容	总篇幅	图片 + 施工照片	学时分配
第一篇	**道路线形**	**（342）**	**（86 + 52）张**	**50**
第一章	绪论	18	（4 + 0）张	2
第二章	路线平、纵断面设计	116	（29 + 1）张	22（线形课程设计）

续表

章节	内容	总篇幅	图片+施工照片	学时分配
第三章	道路横断面设计	52	(16+1) 张	6
第四章	道路交叉	74	(26+1) 张	4
补充1	道路选线及图片	58	(11+49) 张	2
	第一篇参考答案	24		
第二篇	**路基工程**	**(570)**	**(177+220) 张**	**30**
第五章	绪论	61	(17+1) 张图片	2
第六章	一般路基的设计原理	78	(44+4) 张图片	6
第七章	路基防护	32	(13+15) 张图片	2
第八章	挡土墙设计与施工	94	(32+12) 张图片	8（挡土墙课程设计）
第九章	道路的排水	33	(21+9) 张图片	2
第十章	一般路基施工	117	(24+6) 张图片	4
补充2	路基施工程序图片	73	140张施工照片	2
补充3	路基工程的机械化施工	50	(24+33) 张	2
	第二篇参考答案	32	(2+0) 张	
第三篇	**路面工程**	**(659)**	**(124+393) 张**	**40**
第十一章	绪论	35	3张图片	2
第十二章	一般沥青路面设计	150	(37+4) 张图片	12（沥青路面课设）
第十三章	水泥混凝土路面设计	131	(48+17) 张图片	10（水泥路面课设）
第十四章	路面基层（底基层）施工与质量控制	40	(3+2) 张	4
第十五章	沥青路面机械化施工	101	(9+6) 张图片	2
补充4	沥青混合料路面施工程序图片	48	(18+154) 张施工照片	2
补充5	半刚性基层施工程序图片	17	51张施工照片	2
第十六章	水泥混凝土路面施工	76	(3+8)	2

续表

章节	内容	总篇幅	图片＋施工照片	学时分配
补充 6	水泥混凝土路面施工图片	23	85 张施工照片	2
工程案例			（0＋66）张	
	第三篇参考答案	38	（0＋3）张	
合计		1610 页	387 张图片 665 张照片 （合计：1052 张）	120 学时

六、教学效果

本教程用于教学后，直观和深入浅出的教学使学生易于理解，大量完整的施工图片，增强了学生的感性认识，提高学生学习兴趣和继续学习的热情，并且便于学生对市政道路工程施工组织的编写。在扩大教学信息量同时，大大减少了传统教学的学时，学生掌握情况是令人满意的。

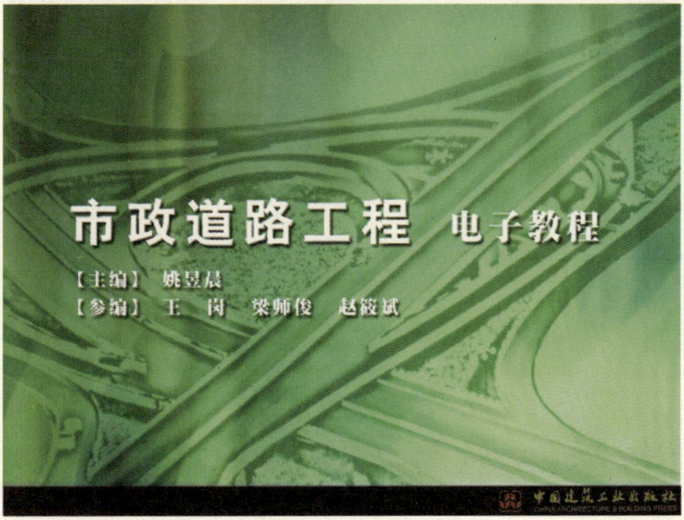

图 1 《市政道路工程》电子教程首页

图 2　《市政道路工程》电子教程演示开始

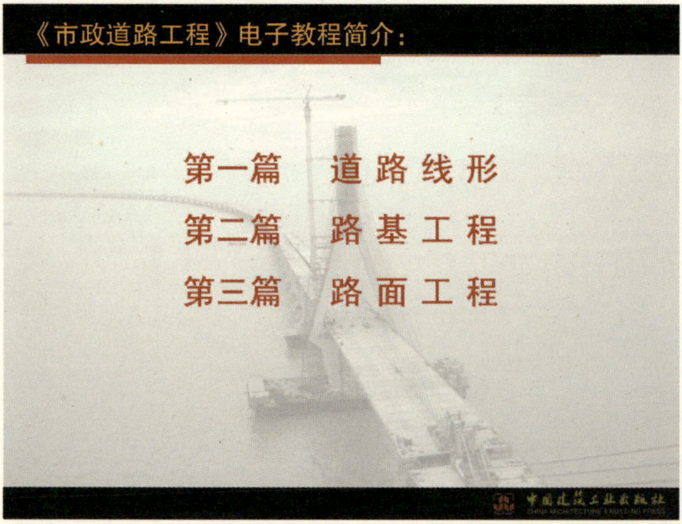

图 3　《市政道路工程》电子教程共分三篇

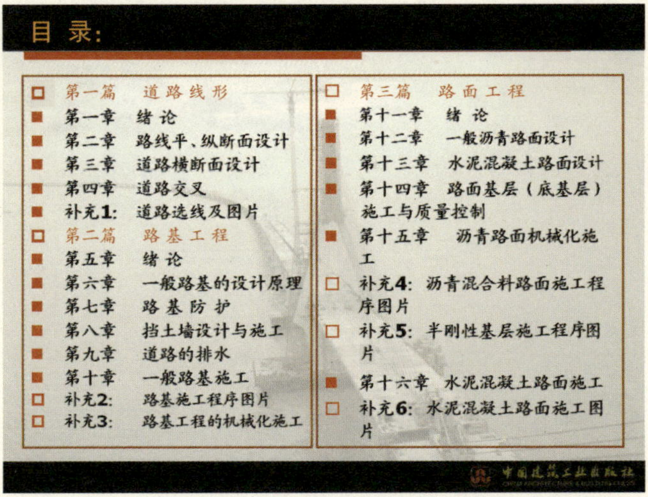

图4 《市政道路工程》电子教程包括十六章教学内容和六节补充施工图片

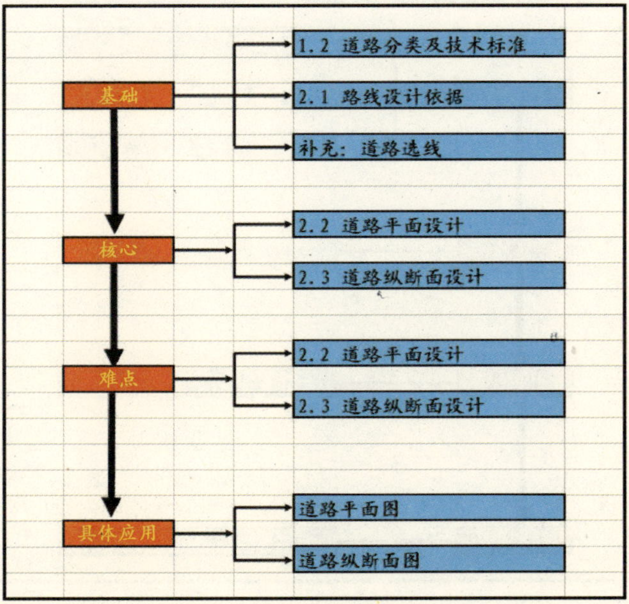

图5 第一章与第二章主要内容

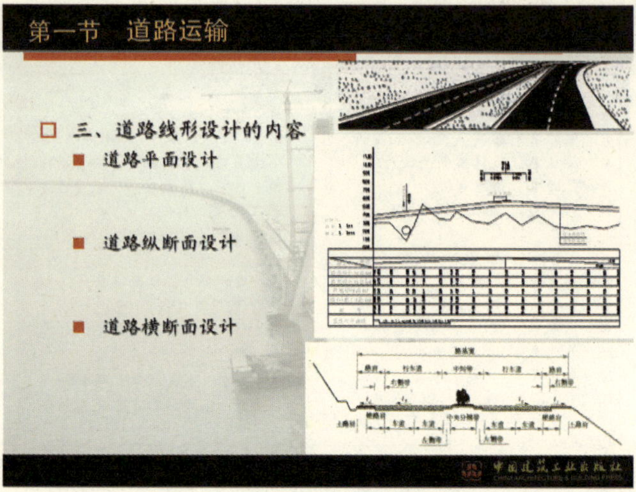

图 6　第一章第一节主要内容

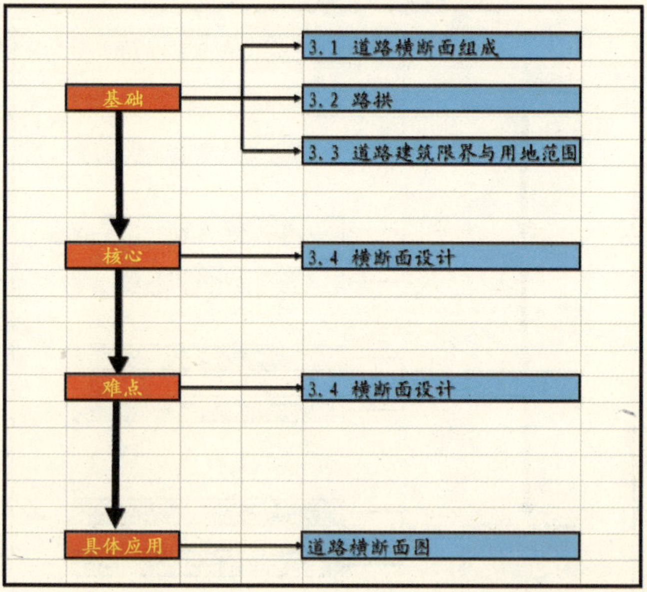

图 7　第三章主要内容

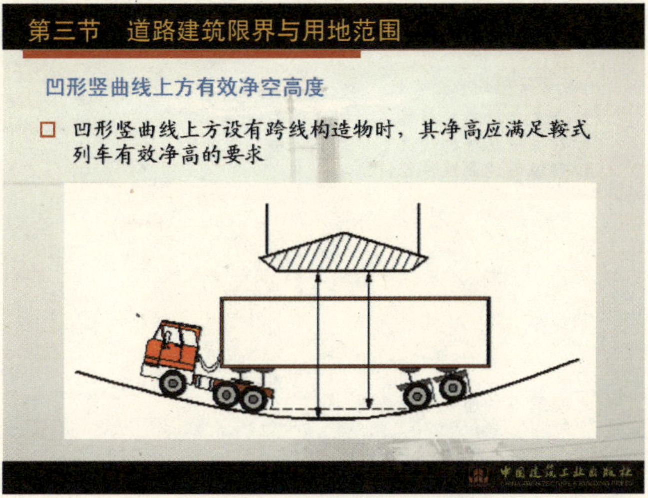

图8　第三章第三节主要内容

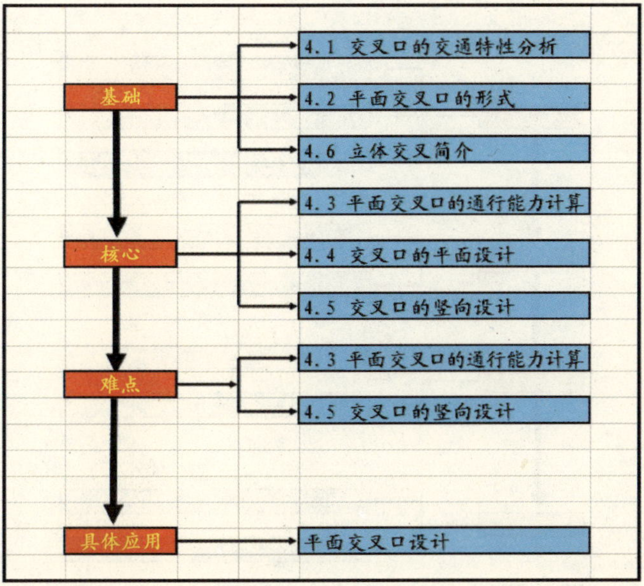

图9　第四章主要内容

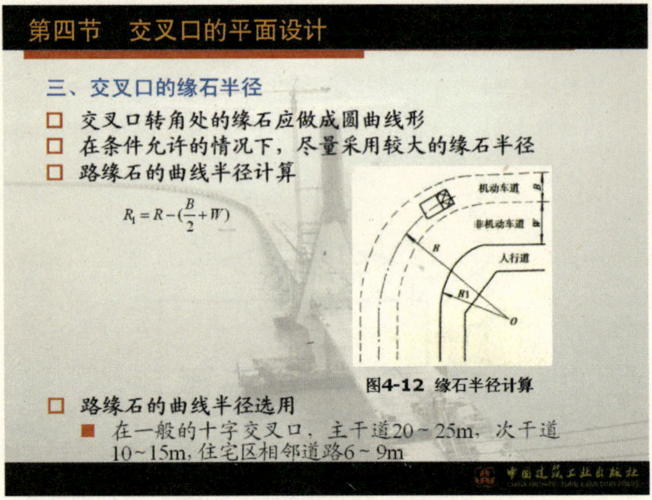
第四节 交叉口的平面设计
三、交叉口的缘石半径
交叉口转角处的缘石应做成圆曲线形
在条件允许的情况下，尽量采用较大的缘石半径
路缘石的曲线半径计算
$R_1 = R - (\frac{B}{2} + W)$
机动车道
非机动车道
人行道
图4-12 缘石半径计算
路缘石的曲线半径选用
在一般的十字交叉口，主干道20~25m，次干道10~15m，住宅区相邻道路6~9m
中国建筑工业出版社

图 10　第四章第四节主要内容

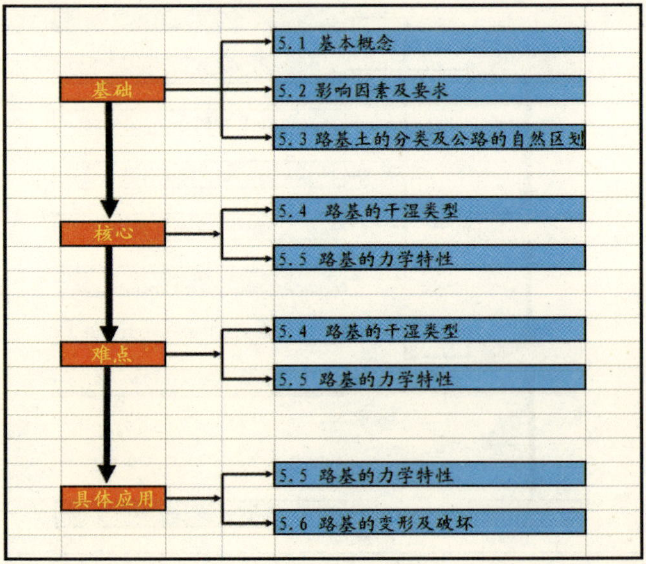
基础
5.1 基本概念
5.2 影响因素及要求
5.3 路基土的分类及公路的自然区划
核心
5.4 路基的干湿类型
5.5 路基的力学特性
难点
5.4 路基的干湿类型
5.5 路基的力学特性
具体应用
5.5 路基的力学特性
5.6 路基的变形及破坏

图 11　第五章主要内容

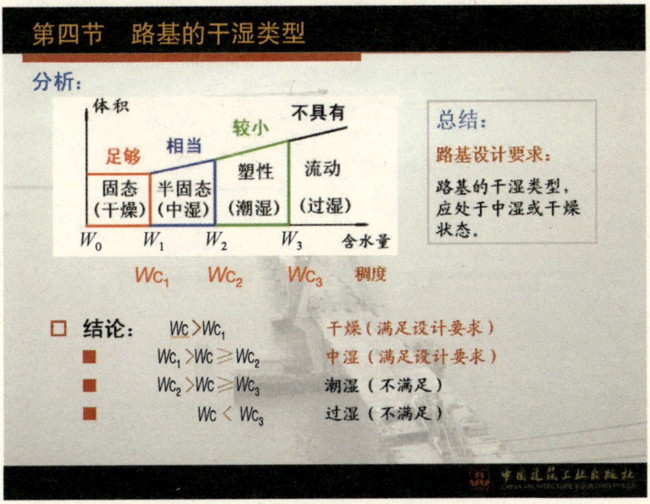

图 12　第五章第四节主要内容

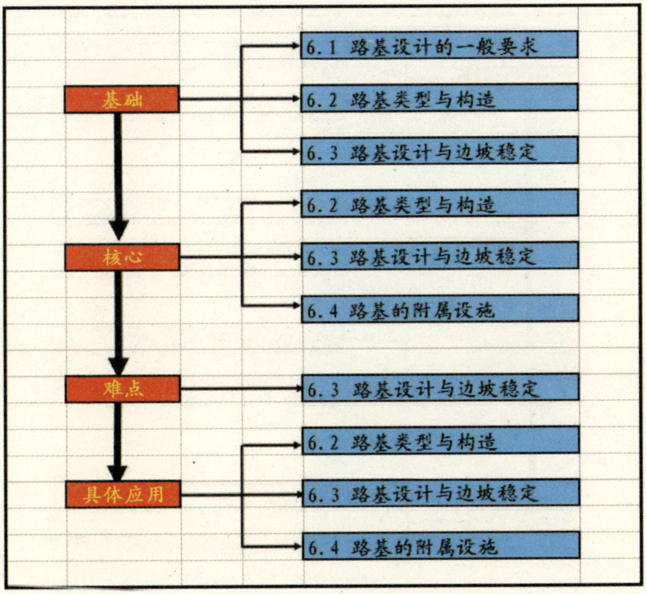

图 13　第六章主要内容

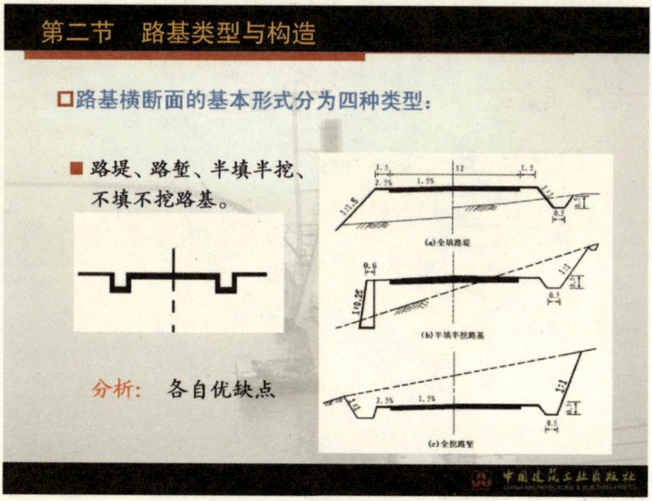

图 14 第六章第二节主要内容

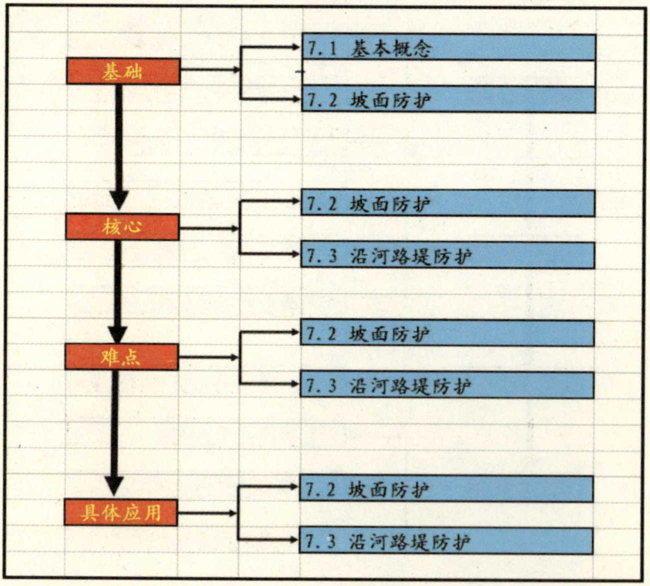

图 15 第七章主要内容

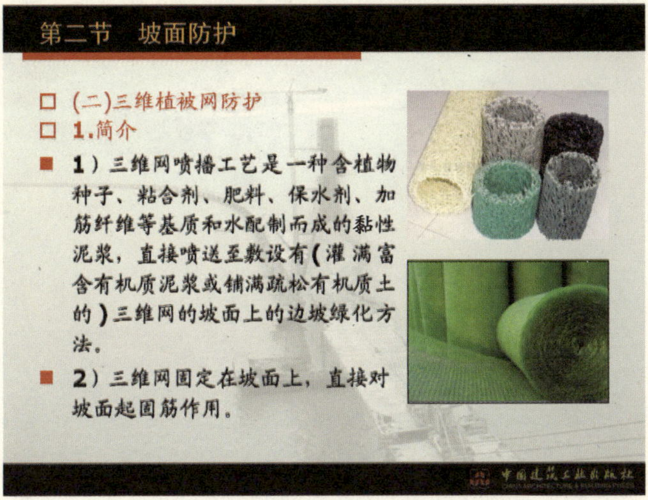
第二节 坡面防护
(二)三维植被网防护
1.简介
1）三维网喷播工艺是一种含植物种子、粘合剂、肥料、保水剂、加筋纤维等基质和水配制而成的黏性泥浆，直接喷送至敷设有(灌满富含有机质泥浆或铺满疏松有机质土的)三维网的坡面上的边坡绿化方法。
2）三维网固定在坡面上，直接对坡面起固筋作用。

图 16　第七章第二节主要内容

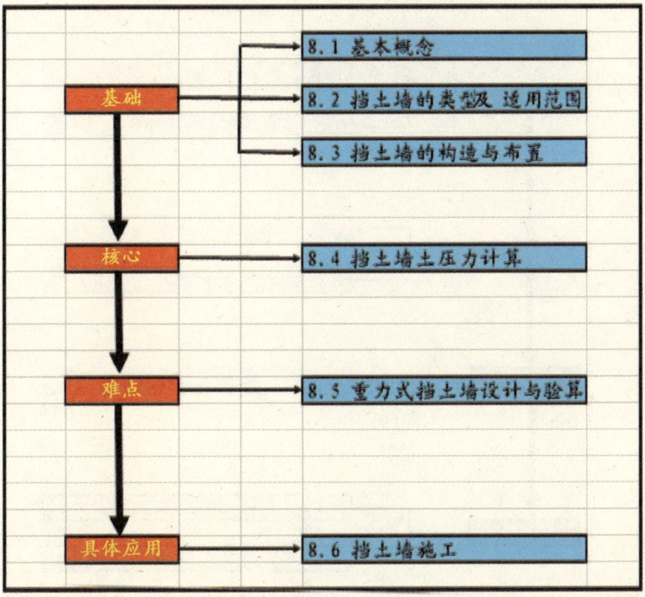
基础
核心
难点
具体应用
8.1 基本概念
8.2 挡土墙的类型及 适用范围
8.3 挡土墙的构造与布置
8.4 挡土墙土压力计算
8.5 重力式挡土墙设计与验算
8.6 挡土墙施工

图 17　第八章主要内容

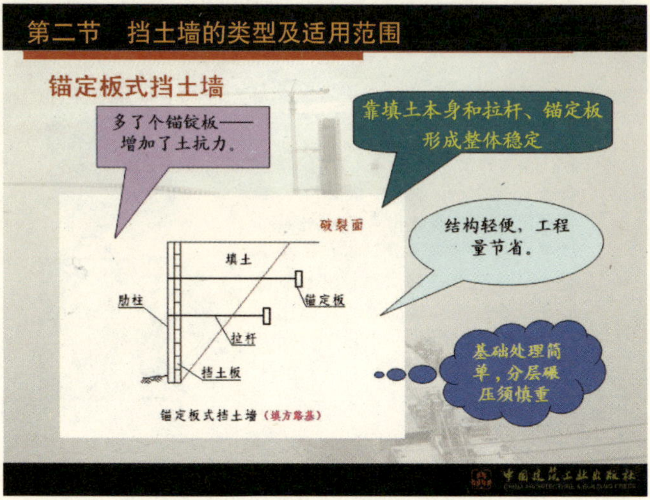

图 18　第八章第二节主要内容

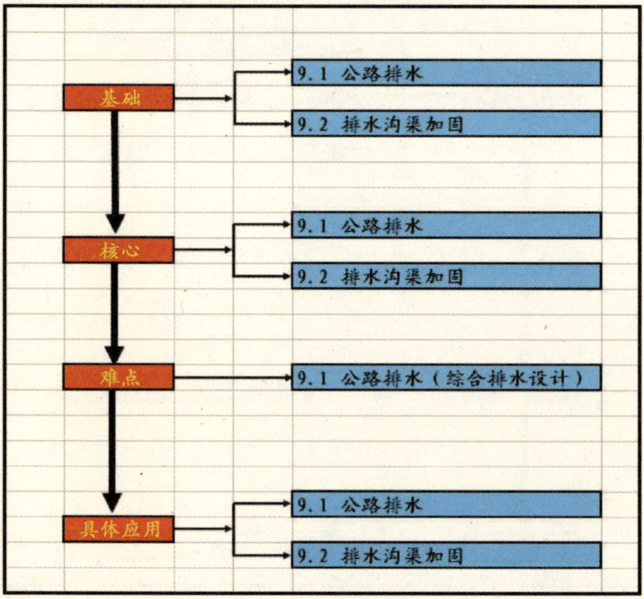

图 19　第九章主要内容

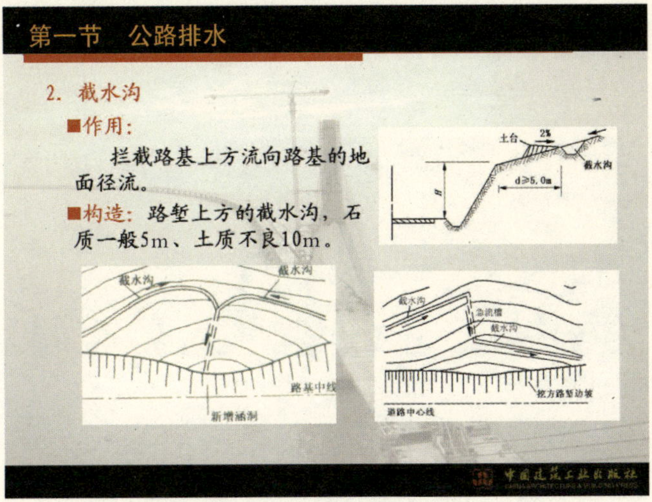

图 20 第九章第一节主要内容

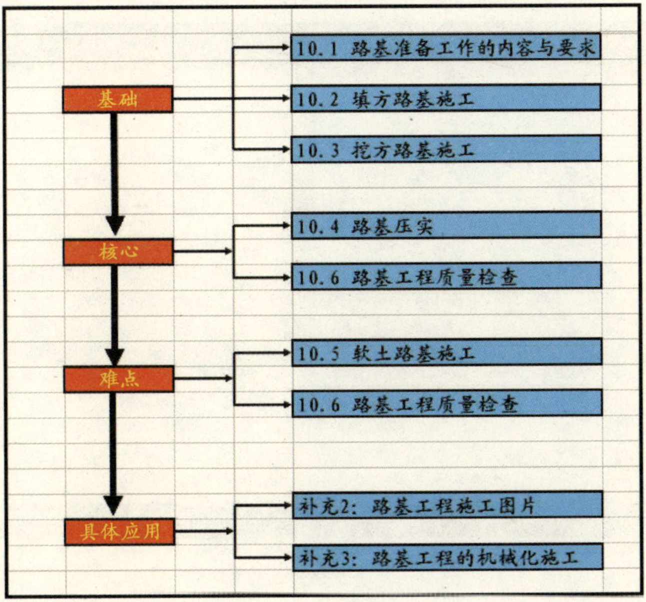

图 21 第十章主要内容

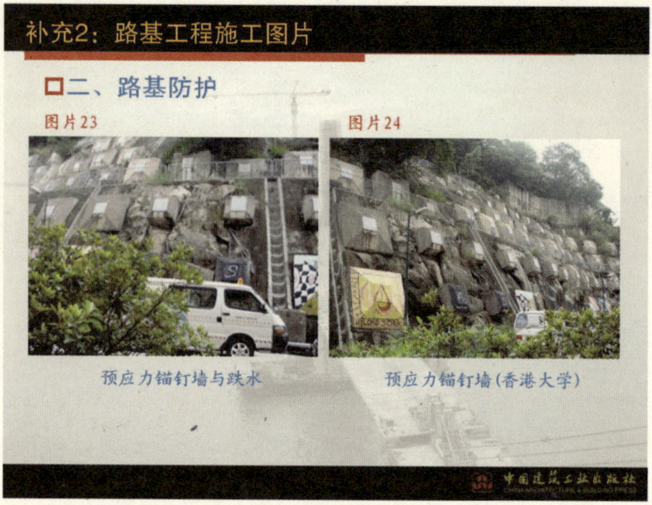

图 22　第十章补充 2 主要内容

图 23　第十章补充 2 主要内容

图 24　第十章补充 3 主要内容

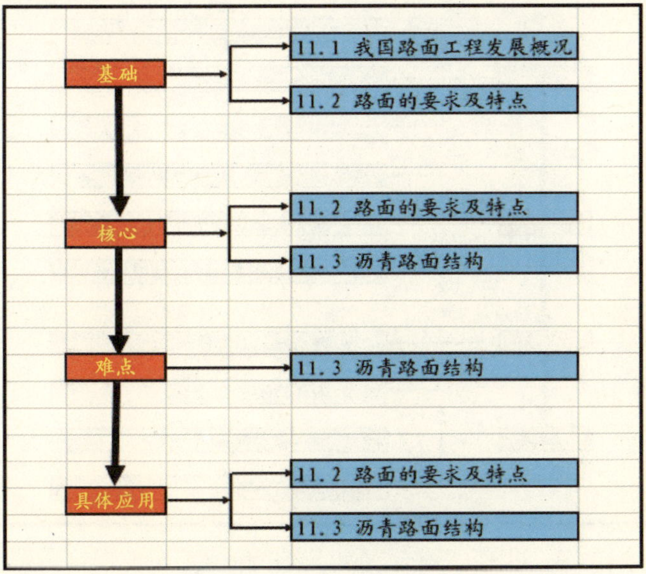

图 25　第十一章主要内容

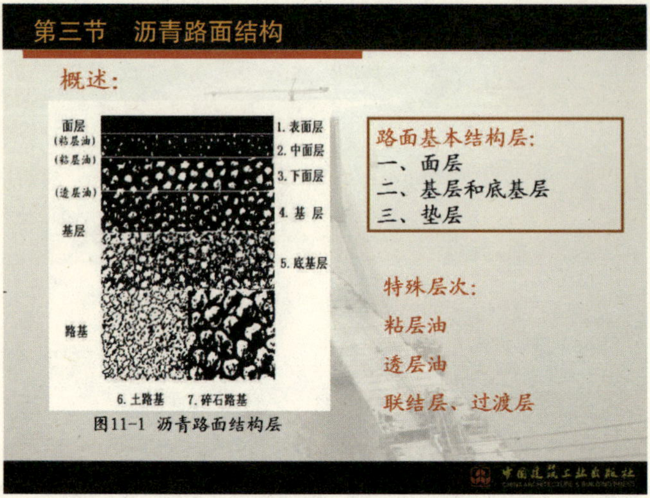

图 26　第十一章第三节主要内容

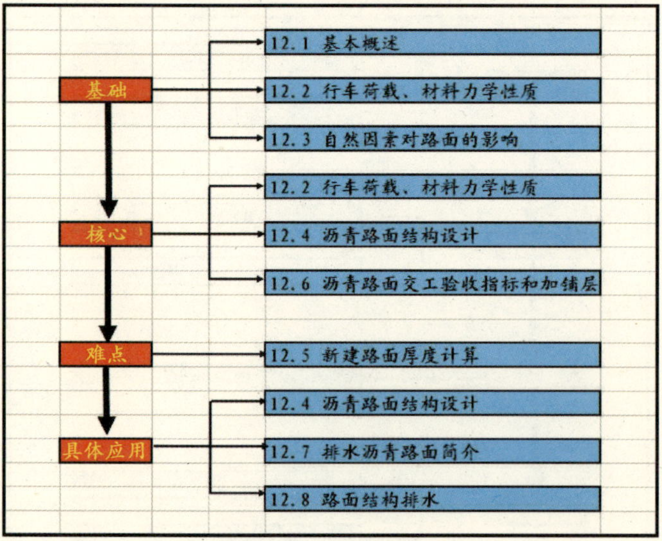

图 27　第十二章主要内容

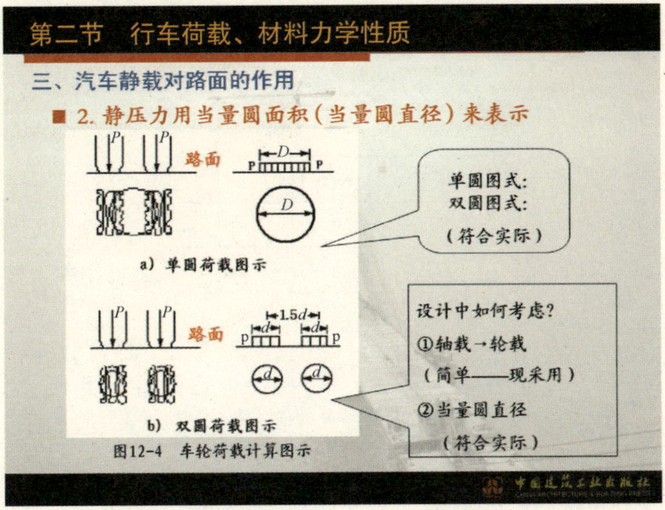

图 28　第十二章第二节主要内容

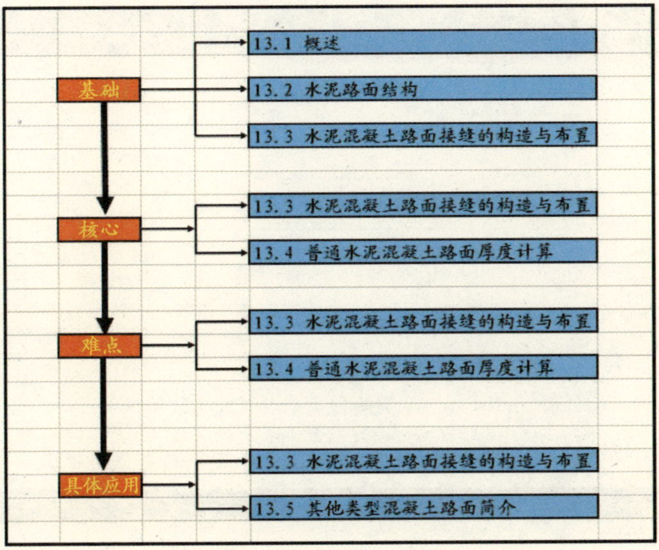

图 29　第十三章主要内容

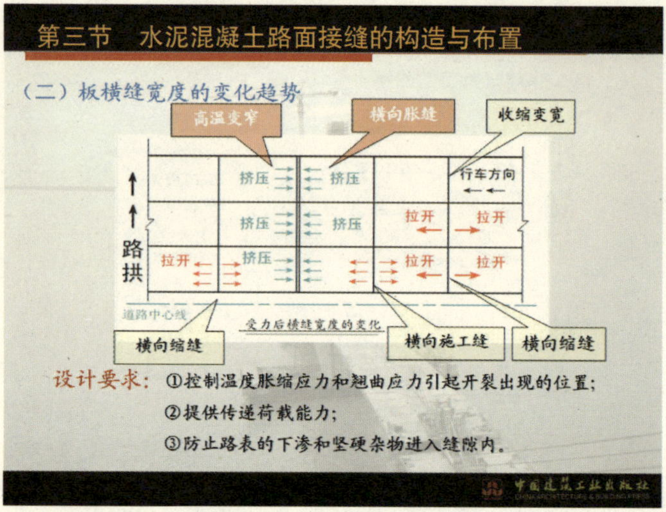

图 30　第十三章第三节主要内容

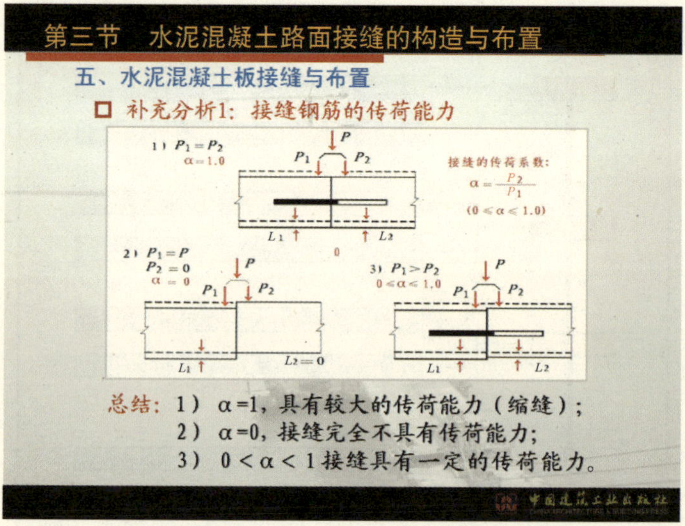

图 31　第十三章第三节主要内容

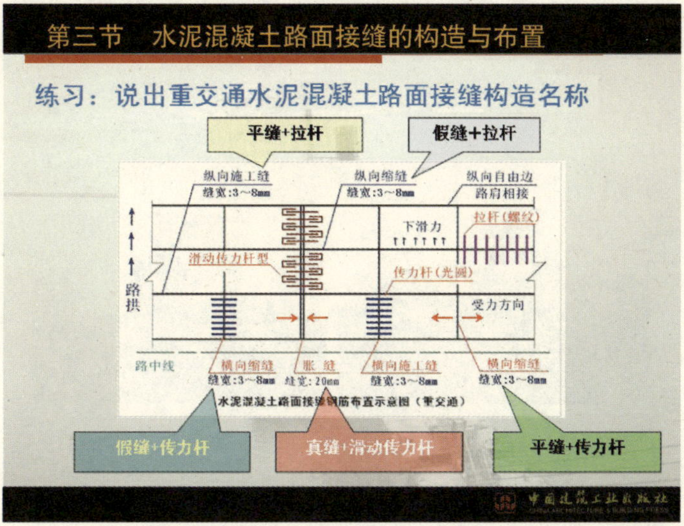

图 32 第十三章第三节主要内容

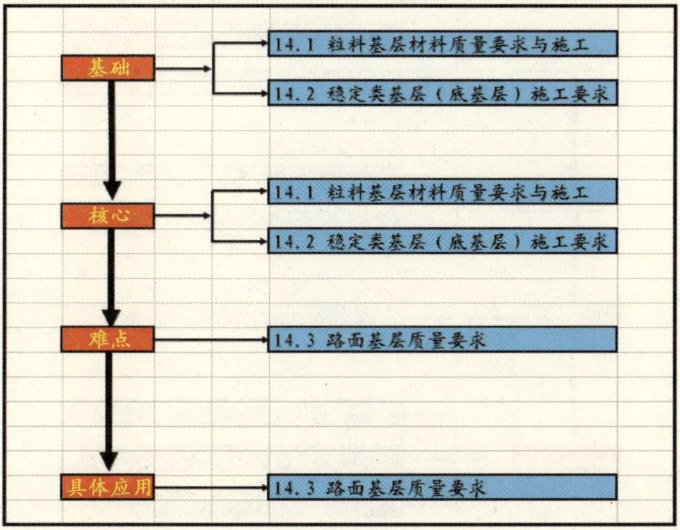

图 33 第十四章主要内容

图 34　第十四章第二节主要内容

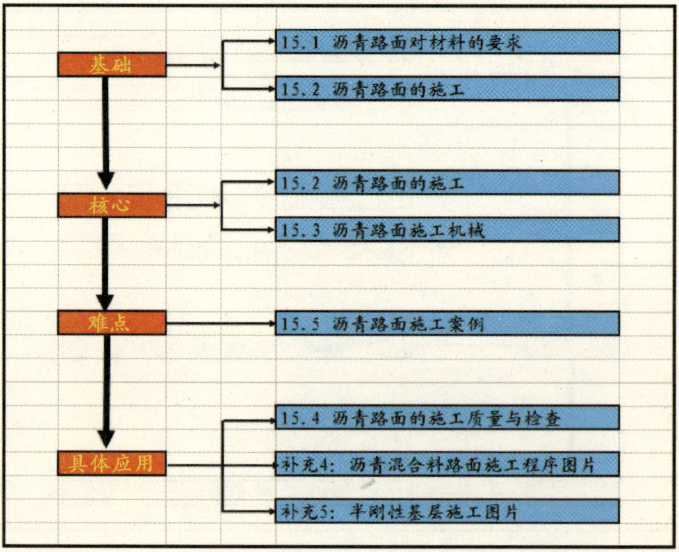

图 35　第十五章主要内容

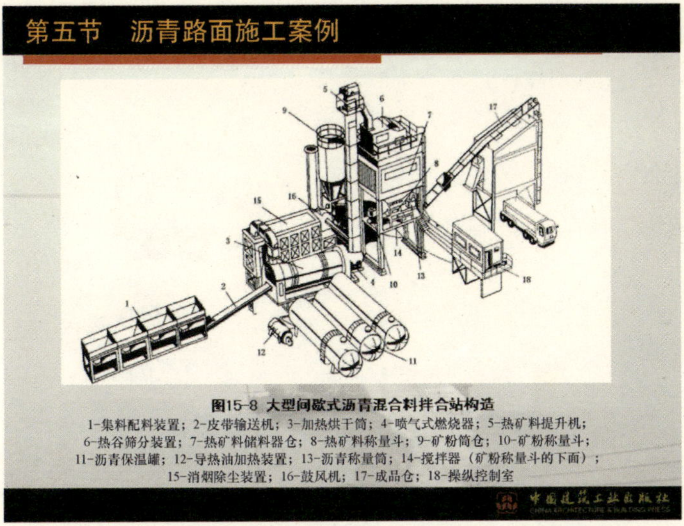

图 36　第十五章第五节主要内容

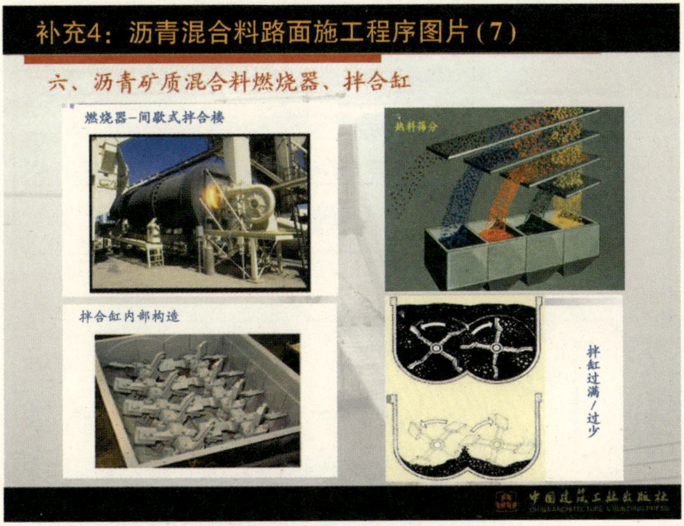

图 37　第十五章补充 4 主要内容

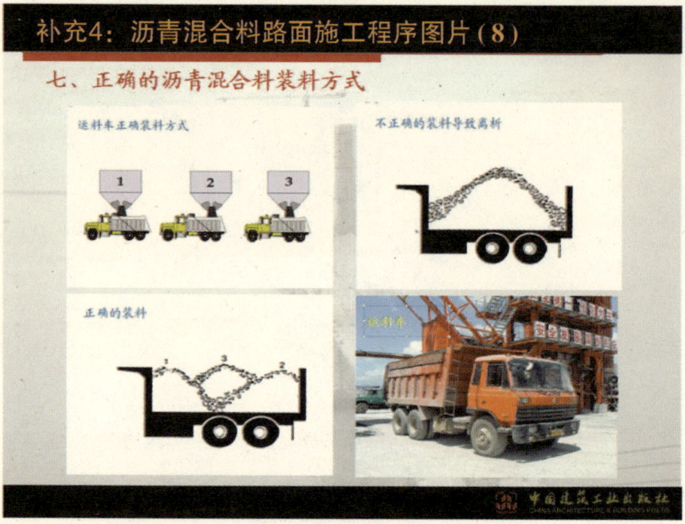

图 38　第十五章补充 4 主要内容

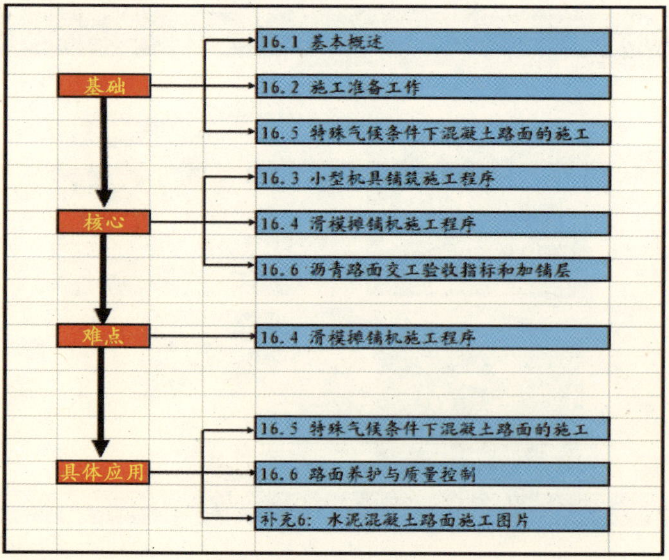

图 39　第十六章主要内容

图 40　第十六章补充 6 主要内容

参考文献

[1] 姚昱晨主编，市政道路工程. 北京：中国建筑工业出版社，2007.

[2] 邓学钧编著，路基路面工程（第二版）. 北京：人民交通出版社，2004.

[3] 王秉刚，郑木莲编著. 水泥混凝土路面设计与施工. 北京：人民交通出版社，2004.

[4] 刘伯莹，姚祖康主编. 公路设计工程师手册. 北京：人民交通出版社，2002.

[5] 沙庆林编著. 高等级公路半刚性基层沥青路面. 北京：人民交通出版社，1999.

[6] 伍石生编著. 低噪声沥青路面设计与施工养护. 北京：人民交通出版社，2005.

[7] 何挺继，胡永彪编著. 水泥混凝土路面施工与施工机械. 北京：人民交通出版社，1999.

[8] 荆农编著. 沥青路面机械化施工. 北京：人民交通出版社，2005.

[9] 陈主晔，李绪梅. 公路勘测设计. 北京：人民交通出版社，2005.

[10] 陈忠达编著. 公路挡土墙设计. 北京：人民交通出版社，2005.

[11] 黄兴安主编. 公路与城市道路设计手册. 北京：中国建筑工业出版社，2005.

[12] 杨少伟主编. 道路勘测设计. 北京：人民交通出版社，2004.

[13] 王连威主编. 城市道路设计. 北京：人民交通出版社，2002.

[14] 徐家钰编著. 城市道路设计. 北京：中国水利水电出版社、知识产权出版社，2005.
[15] 黄兴安主编. 公路与城市道路设计手册. 北京：中国建筑工业出版社，2005.
[16] 唐凯主编. 村镇道路与桥涵. 北京：中国建筑工业出版社，1995.
[17] 黄志义主编. 路基路面工程. 杭州：浙江科学技术出版社，2002.
[18] 交通部. 公路工程技术标准. 北京：人民交通出版社，2004.
[19] 交通部. 公路路线设计规范. 北京：人民交通出版社，2006.
[20] 交通部. 城市道路设计规范. 北京：中国建筑工业出版社，1991.
[21] 交通部. 公路水泥混凝土路面设计规范. 北京：人民交通出版社，2004.
[22] 交通部. 公路水泥混凝土路面施工技术规范. 北京：人民交通出版社，2003.
[23] 交通部. 水泥混凝土路面设计规范. 北京：人民交通出版社，2002.
[24] 交通部. 公路路基设计规范. 北京：人民交通出版社，2004.
[25] 交通部. 公路沥青路面施工技术规范. 北京：人民交通出版社，2004.
[26] 交通部. 公路沥青路面设计规范. 北京：人民交通出版社，2006.
[27] 交通部. 公路路面基层施工技术规范. 北京：人民交通出版社，2006.
[28] 中国建筑标准设计研究院. 城市道路路缘石. 国家建筑标准图集（05MR404），2005.
[29] 交通部. 道路工程制图标准. 北京：中国计划出版社，1993.